Jagdeep Singh
Inderdeep Singh

Impacto da SMED na unidade de fabrico - Um estudo de caso

Jagdeep Singh
Inderdeep Singh

Impacto da SMED na unidade de fabrico - Um estudo de caso

Avaliação da implementação do SMED na indústria transformadora

ScienciaScripts

Imprint

Cover image: www.ingimage.com

This book is a translation from the original published under ISBN 978-3-659-85329-6.

Publisher:
Sciencia Scripts
is a trademark of
Dodo Books Indian Ocean Ltd. and OmniScriptum S.R.L publishing group

120 High Road, East Finchley, London, N2 9ED, United Kingdom
Str. Armeneasca 28/1, office 1, Chisinau MD-2012, Republic of Moldova, Europe
Managing Directors: Ieva Konstantinova, Victoria Ursu
info@omniscriptum.com

Printed at: see last page
ISBN: 978-620-8-37464-8

ÍNDICE DE CONTEÚDOS

NOMENCLATURA

QCO	-	Quick changeover
Mg-9	-	Type of machine
Triz	-	Problem solving tool
BA4156	-	Type of machine
WIP	-	Work in progress
BMS	-	Type of machine
Pc	-	Piece
K06A	-	Type of crank
M1W	-	Type of crank
KZAA	-	Type of crank
VSM	-	Value stream mapping
CNC	-	Computer numerically controlled
VMC	-	Vertical machining center
SPM	-	Special purpose machine
MM	-	Millimeter

CAPÍTULO 1 INTRODUÇÃO

1.1 SMED - Uma visão geral

O Single Minute Exchange of Die (SMED) é uma importante ferramenta lean para reduzir o desperdício e melhorar a flexibilidade nos processos de fabrico, permitindo a redução do tamanho do lote e melhorias no fluxo de fabrico. O SMED reduz o tempo não produtivo através da racionalização e normalização das operações de troca de ferramentas, utilizando técnicas simples e aplicações fáceis. No entanto, o processo não fornece as acções específicas a implementar, o que pode resultar em melhorias negligenciadas. Para ultrapassar este problema, podem ser integradas ferramentas comuns de estatística e engenharia industrial na abordagem SMED para melhorar os resultados da implementação do SMED.

1.2 História da SMED

O conceito de Single-Minute Exchange of Die (SMED) teve o seu início na fábrica Mazda da Toyo Kogyo em Hiroshima, Japão, quando o seu autor, Shingo, efectuou um estudo de melhoria da eficiência da produção em 1950. SMED é o acrónimo de Single-Minute Exchange of Die. O termo refere-se à teoria e às técnicas para efetuar operações de preparação em menos de dez minutos. Embora nem todas as operações de preparação possam ser literalmente concluídas em minutos de um dígito, este é o objetivo do sistema. Mesmo nos casos em que não é possível, a redução é ainda assim uma melhoria tremenda e a preparação é programada de modo a que não haja tempo de inatividade enquanto o novo material de preparação está a ser acumulado.

1.3 Metodologia SMED

> **Fase preliminar**

Esta primeira etapa consiste em estudar o processo de preparação atual. É necessário conhecer o processo, a variabilidade e a(s) causa(s) que produzem essa variabilidade. Assim, nesta fase, é necessário recolher valores para os tempos de preparação. Em algumas empresas os setups são frequentes e é simples efetuar várias medições. Noutras empresas, os setups podem ser raros e, por isso, é necessário obter o máximo de informação possível a partir de dados limitados, com apenas um ou dois estudos de processo de setup.

> **Separação das actividades internas e externas**

Esta etapa consiste em separar as operações que devem ser efectuadas quando a máquina ainda está a processar o lote anterior (preparação externa) e aquelas em que é necessário efetuar a preparação com a máquina parada (preparação interna). O objetivo desta fase é separar/classificar as operações de preparação de acordo com a definição dada de preparação externa e interna. Esta classificação tem em conta as mesmas operações e duração incluídas no método atual, ou seja, sem melhorar nenhuma operação em particular.

> **Conversão da configuração interna em configuração externa**

Para reduzir o tempo de preparação tanto quanto possível ou económico, é necessário estudar a possibilidade de converter algumas operações de preparação interna em preparação externa, de modo a que possam ser realizadas com a máquina em funcionamento.

Esta fase analisa dois aspectos importantes:

- Reavaliar as operações de preparação internas para verificar se algumas delas foram consideradas erradamente como internas.

- Identificar as alternativas que permitem que a preparação interna seja efectuada, no todo ou em parte, como operações externas, com a máquina em funcionamento.

> **Simplificar todos os aspectos do processo de configuração**

Esta fase procura melhorar todas as operações de preparação, tanto internas como externas, reduzindo a sua duração ou mesmo, se possível, tentando eliminar algumas operações. Embora a metodologia SMED recomende que se sigam sistematicamente estas quatro fases, o bom senso pode, por vezes, ditar que, na segunda fase, não se invista tempo e dinheiro em operações que não tenham sido previamente optimizadas.

1.4 Ferramentas SMED

1.4.1 Ferramentas da primeira fase

Parece lógico que se deva saber quais as operações que devem ser efectuadas enquanto a máquina ainda está a processar o lote anterior. Infelizmente, em muitos processos de preparação ocorrem numerosas perdas de tempo. Por exemplo:

- As ferramentas e os moldes são fornecidos tardiamente ou de forma incorrecta.

- As ferramentas e matrizes que não são necessárias são levadas de volta para a sala de abastecimento antes de iniciar a máquina.

- Alguns parafusos e ferramentas necessários não são recolhidos durante o processo de instalação.

- Algumas porcas são demasiado apertadas quando se tenta removê-las.

É necessário eliminar todos estes desperdícios tentando responder a certas perguntas antes de iniciar a instalação. Algumas boas perguntas a fazer incluem:

- O que deve ser feito antes de iniciar a mudança?
- Quantos parafusos são necessários para fixar o coto?
- Que ferramentas são necessárias? Estão preparadas para as condições adequadas?
- Onde devem ser colocadas as ferramentas depois de as utilizar?

A fim de facilitar este processo de verificação, foi desenvolvido um conjunto de controlos visuais para garantir que as operações necessárias são realizadas antes de iniciar a configuração.

1.4.2 Ferramentas da segunda fase

> Método do material infinito

Em alguns processos, são utilizadas bobinas. Quando uma bobina está vazia, deve ser retirada e substituída por outra cheia. Por exemplo: - num laminador ou em máquinas de embalagem. O tempo de mudança das bobinas pode ser eliminado se a extremidade de uma bobina for soldada ou ligada ao início do processo. A máquina trabalharia continuamente. Consequentemente, o tempo de preparação seria zero.

> Pré-aquecimento do molde de prensagem

Na maioria dos processos de moldagem por injeção de plástico, o molde tem de atingir uma temperatura específica para iniciar o processo de fabrico. Existem dispositivos que aquecem os moldes antes de serem colocados na máquina. A principal preocupação neste caso é a segurança do trabalho. A manipulação dos moldes é uma tarefa muito perigosa. No entanto, é possível pré-aquecer o molde até atingir uma temperatura moderada, reduzindo o tempo necessário para atingir esta temperatura de trabalho, uma vez que o molde é colocado na máquina e tornando o processo mais seguro para o trabalhador.

> Normalização de funções

Uma boa maneira de converter certas medidas do molde, tais como os ajustes de altura e profundidade de algumas prensas e máquinas de moldagem por injeção em operações externas, é padronizar estas medidas. Por exemplo, a distância do injetor para um processo de moldagem por injeção. Apenas os componentes mais importantes para a troca serão normalizados, tendo em conta duas condições principais

- O processo de instalação deve ser tão seguro como antes.
- A qualidade das peças fabricadas não deve ser afetada negativamente

1.4.3 Ferramentas da terceira fase

A melhoria ou eliminação de uma operação requer a reengenharia de algum aspeto do produto ou do processo. A reengenharia pode ajudar a analisar e a considerar vários factores importantes, tais como: é possível realizar a operação de uma forma diferente? Esta operação é necessária? Este procedimento é o mais adequado? Até esta fase, as operações externas não foram analisadas. Foram simplesmente distinguidas e algumas operações internas foram convertidas em externas. Podem ser utilizadas diferentes técnicas para melhorar e eliminar operações.

1.5 Benefícios económicos

Os benefícios económicos derivados da implementação do SMED nem sempre são os mesmos e dependem da máquina em que o SMED é aplicado.

- Em alguns casos, a máquina sobre a qual a metodologia é aplicada está saturada. Se o objetivo do SMED é libertar a máquina do seu tempo de carga para aumentar a disponibilidade da máquina, o benefício ocorre devido à margem económica no incremento das vendas.

- Se a máquina não estiver saturada e o número de mudanças não for importante, o tempo necessário para realizar uma ordem de produção diminuirá. Se os trabalhadores da máquina forem afectados a outras secções, o benefício económico resulta da poupança de custos com a mão de obra.

CAPÍTULO 2

REVISÃO DA LITERATURA

A troca de ferramentas num único minuto é uma abordagem para aumentar a produção e reduzir o tempo de preparação, para reduzir as perdas de qualidade, etc. Ao longo da análise destes trabalhos de investigação, apercebemo-nos da importância da troca rápida de horas extraordinárias. Através de técnicas SMED, tais como distinguir e transferir actividades internas para actividades externas, eliminando actividades externas, se possível, e racionalizando operações ou actividades, o tempo total de preparação pode ser reduzido. As ferramentas como o 5s e o poka yoke também podem reduzir o tempo de preparação na mudança de moldes. As actividades de preparação global são uma parte vital do tempo de produção e também afectam o custo global do produto. Estas técnicas SMED aplicam-se basicamente a indústrias de pequena e média escala em trabalhos de investigação. Rever a literatura de artigos que ajudarão a aplicar técnicas de SMED em indústrias de pequena ou média escala.

Bharath e Lokesh (2008) discutiram os antecedentes da QCO relacionados com a indústria transformadora e apresentaram uma aplicação real numa máquina de um fabricante líder de máquinas-ferramenta. A abordagem envolvia a revisão dos actuais procedimentos de mudança de produção e a abordagem das causas dos elevados tempos de mudança de produção em quatro fases: fase mista, fase de separação, fase de transferência e fase de melhoria. Estas fases incluíam a preparação de listas de actividades e de observação do tempo, a classificação das actividades, a preparação de calendários de operações paralelas normalizadas e a conceção de um dispositivo de fixação de componentes específico. A utilização de operações paralelas poderia proporcionar uma redução significativa dos tempos de preparação, com uma redução média de 30%. Foram feitas algumas recomendações no sentido de uma melhoria contínua, em conformidade com os objectivos estratégicos de uma organização de produção optimizada.

Perinic et al. (2009) descreveram o processo de fundição sob pressão de uma indústria automóvel. O processo de fundição injetada foi reconhecido por reduzir o tempo de troca. Devido ao fabrico de pequenos lotes, era necessário flexibilizar o processo de mudança rápida para uma produção rápida. A melhoria significativa foi conseguida através da implementação da técnica 5s com SMED e também através da conceção de novos equipamentos para a mudança rápida. Conseguiu-se uma poupança de tempo significativa de 463 segundos para 240 segundos com um investimento mínimo.

Singh e khanduja (2010) tentaram descobrir a importância das mudanças rápidas em ambientes de fundição sob pressão. Foi efectuado um estudo de caso numa fundição de pistões de média escala para gerar um tempo de redução de preparação integrado e utilizar uma troca de ferramentas de um minuto. Os dados relativos ao tempo de preparação de cada máquina de fundição por mês foram anotados nos relatórios de produção. O tempo necessário para a troca de peças, tais como o encaixe do anel e do casquilho, os conjuntos de ferramentas laterais foram reduzidos através de técnicas como o diagrama de Ishikawa e o conceito de tabela SMED. O tempo foi poupado em falhas nas matrizes de 600 min para 430 min utilizando a técnica dos 5s e atingiu-se 48% de redução do tempo de preparação no sistema atual.

Alexa (2011) determinou o modo de organização do trabalho dentro das unidades de produção pelo tempo de interrupções inter-operacionais. As fases de implementação do método SMED foram: primeiro, a eliminação das operações inúteis e a conversão das operações internas em operações externas. A segunda foi a simplificação dos dispositivos de afinação e fixação. Em terceiro e quarto lugar, o trabalho em equipa e a eliminação de ajustamentos e de pistas. A implementação bem-sucedida do SMED e da mudança rápida de produção foi a chave para a vantagem de qualquer fabricante que produza e processe uma variedade de produtos numa única máquina, linha ou célula.

Deros et al. (2011) Tentaram melhorar a configuração da linha de montagem de baterias e, ao mesmo tempo, reduzir o custo de fabrico. As principais fases do estudo consistiram em reduzir o tempo de preparação, identificar os problemas existentes e implementar potenciais melhorias do processo na linha de montagem. Foram aplicados métodos de troca de moldes de um minuto em duas operações de preparação com grandes estrangulamentos: fundição sobre cinta e selagem a quente. A aplicação do SMED permitiu reduzir significativamente o tempo de preparação da fundição na cinta para 54% e o tempo de preparação da selagem a quente para 47%.

Desai e Warkhedkhar (2011) analisaram o tempo de preparação de uma pequena fábrica que fabricava uma grande variedade de componentes de precisão em pequenos lotes. A técnica SMED foi aplicada na máquina BA4156 utilizada para a produção de engrenagens Lorenz. Foram elaboradas listas de verificação e tabelas de verificação para reduzir os métodos de correção de erros no sistema. Os recursos financeiros foram os principais obstáculos à implementação da redução do tempo de preparação e dos métodos à prova de erros. O tempo de preparação foi reduzido de 45 minutos para 8,28 minutos através da modificação e otimização das operações de preparação da máquina.

Kumaresan e Saman (2011) aplicaram a integração da SMED e da TRIZ para melhorar a produtividade na indústria de semicondutores. O principal objetivo do estudo era reduzir a duração da mudança de produção, identificando oportunidades e melhorando o processo global. As técnicas SMED foram integradas com a ferramenta de resolução de problemas denominada triz para combater problemas como práticas não normalizadas e não optimizadas no atual processo de mudança. O processo de mudança de equipamento de teste foi explorado para identificar a fonte de constrangimento e as oportunidades de melhoria. A integração destas técnicas ajudou a reduzir a duração da mudança de 240 minutos para 32 minutos.

Moreira e Pais (2011) realizaram um estudo de SMED na indústria transformadora ALFA. O procedimento seguido neste estudo foi a definição de objectivos, o planeamento do estudo de caso e o desenvolvimento da base concetual. O trabalho realizado na empresa ALFA teve como objetivo natural a melhoria do sistema de produção. A aplicação das técnicas de SMED na empresa permitiu eliminar os desperdícios e as actividades de valor não acrescentado, o que aumentou em 2% o volume de vendas da empresa.

Timasani et al. (2011) definiram a importância das mudanças rápidas na linha de máquinas. As actividades de preparação eram uma parte vital do tempo de produção e também afectavam o custo global do produto. Foram utilizadas ferramentas como a análise de pareto e a análise da causa raiz para analisar o procedimento de preparação existente. O problema estava na linha de máquinas que produzia uma mistura de produtos reduzida e uma quantidade elevada que se estava a acumular devido ao bloqueio de dinheiro no trabalho em curso (WIP). O estudo do tempo foi utilizado para compreender as diferentes actividades envolvidas nas operações. As actividades foram subagrupadas tendo em conta as suas semelhanças para facilitar o processo de análise posterior. A implementação do SMED permitiu reduzir o tempo de preparação de 108 minutos para menos de 16 minutos

Abraham et al. (2012) Analisaram a oficina de prensagem que utilizava a prensa BMS para a produção de braçadeiras para mangueiras. O principal objetivo deste estudo era reduzir o tempo de preparação de 7 horas para 2 horas e aumentar a produção. Os estrangulamentos foram identificados utilizando a análise do gráfico de Pareto e distinguindo as actividades entre internas e externas. A introdução de uma nova montagem (zf) e de pinças de alternância ajudou a melhorar as actividades internas e externas. Como resultado da implementação do SMED, o tempo de mudança de ferramenta foi reduzido até 5 horas e foi alcançada uma percentagem global de 75% de redução do tempo de mudança de ferramenta. As câmaras recém-implementadas ajudaram as pessoas não qualificadas a estabelecerem-se e melhoraram o moral dos empregados.

Desai (2012) realizou as experiências numa fábrica de automóveis para reduzir o tempo de preparação. A abordagem SMED foi testada em máquinas de moldagem na fábrica de automóveis. Foram observadas três montagens completas, para além da que se encontrava na célula de fabrico, e várias montagens parciais para melhorar o tempo de preparação. As observações foram efectuadas manualmente, utilizando uma folha de registo e análise normalizada. Foram observados alguns erros durante o estudo, tais como ausência de atenção, falta de concentração e instruções inadequadas, etc. Os problemas de manutenção da casa e de trabalho em equipa foram particularmente pertinentes para reduzir o tempo de preparação e eliminar os erros. A implementação do SMED permitiu reduzir o tempo de preparação de 44 minutos para 8,1 minutos através da reorganização dos recursos internos da empresa, sem necessidade de investimentos significativos.

Joshi e Naik (2012) analisaram os dados reais de produção de uma indústria de pequena escala numa base diária. Foi utilizado um cronómetro para medir o tempo das actividades. Foi elaborado um gráfico de barras estatístico que ajudou a identificar o principal fator de perda de tempo. A análise dos dados conduziu a melhorias significativas em três categorias, tais como a análise das operações, a conversão das actividades internas em actividades externas e a racionalização de todos os aspectos das operações. Ao aplicar a técnica SMED na operação com estrangulamento, o tempo total necessário para efetuar a operação diminuiu 20%, passando de 480 segundos para 385 segundos.

Kumar e Abuthakeer (2012) descreveram a redução do tempo de preparação da prensa (Fagor). Este estudo centrou-se na construção do núcleo do evaporador de um automóvel. Os dados foram recolhidos por turnos para verificar os diferentes tipos de perdas de tempo no funcionamento da prensa. Este método ajudou a identificar o principal fator que contribui para a elevada perda de tempo na prensa e ajudou a visualizar, a compreender melhor as causas de raiz e a encontrar possíveis soluções para o problema. Ao implementar a técnica SMED, o tempo total necessário para realizar as actividades de preparação na prensa foi reduzido de 40 para 12 minutos e proporcionou uma forma eficiente de converter um processo de fabrico do funcionamento do produto atual para o funcionamento do produto seguinte.

Mali e Inamdar (2012) mencionaram a redução do tempo de mudança de produção utilizando a técnica SMED de fabrico optimizado. As máquinas com uma utilização inferior a 80% foram definidas como críticas e selecionadas para aplicação da SMED. O estudo do tempo foi utilizado para calcular o tempo real de preparação das actividades. Foram utilizadas várias actividades de melhoramento para reduzir o tempo de preparação, tais como a minimização do tempo de limpeza do mandril através da utilização de tiras de madeira e a minimização do tempo de fixação do mandril através da utilização de uma chave pneumática. A aplicação do SMED produziu resultados notáveis nas áreas de foco e reduziu o tempo de troca de cerca de 50% por máquina.

Nystha et al. (2012) tentaram superar o investimento adicional para satisfazer as necessidades dos clientes através da aplicação da ferramenta SMED. O estudo foi efectuado na Robert BOSCH India limited. Houve necessidade de alterar o projeto do carril forjado a quente devido aos requisitos do cliente. Para satisfazer as necessidades do cliente e o design do motor, foram seguidos os elementos do BPS (Bosch Productive System) do lean manufacturing, tais como o mapeamento do fluxo de valor, o design do fluxo de valor, o planeamento do fluxo de valor e o SMED. A racionalização das actividades internas e externas, a conceção de novas ferramentas e a alteração de algumas peças de 90 para 180 graus contribuíram para a redução do tempo de preparação. A implementação do projeto na divisão BOSCH permitiu reduzir o tempo de mudança de produção em 66% e a disponibilidade da máquina de prensagem de aceleradores aumentou em 15%.

Romero et al. (2012) Aplicaram uma metodologia robusta que combinava SMED e DFC. A aplicação foi feita numa empresa de pequena dimensão. Foram utilizados cinco passos, tais como planeamento, análise, conceção, implementação e controlo para a melhoria. Foi reduzido o tempo de preparação do produto (bigorna), que era fabricado numa máquina de controlo numérico computorizado (CNC). A preparação original demorava cerca de 50 minutos e foi reduzida para 13 minutos, o que significa uma redução de quase 70% do tempo.

Samad et al. (2013) Analisaram o processo de produção de um produto e desenharam o mapa de valor do estado atual. Uma empresa de fabrico de guarnições foi selecionada para o estudo de caso. Foram utilizados vários tipos de ferramentas, como o mapeamento do fluxo de valor (VSM), para fornecer um valor ótimo ao cliente através de um processo completo de criação de valor com um prazo de entrega mínimo e a manutenção produtiva total para reduzir as falhas das máquinas. O objetivo da TPM é manter a fábrica ou o equipamento em boas condições sem interferir com o processo diário. Redução do WIP (Work in Process) através da conversão do sistema push para o sistema pull e também redução do lead time em 50%.

Tilkar et al. (2013) descreveram a melhoria da eficácia das instalações de fabrico envolvidas no processo de produção. O principal fator responsável pelo aumento do tempo de inatividade foi o tempo de paragem. Foram selecionadas três células de fabrico (B, NB e E) para reduzir o tempo de preparação. Foi utilizado o método de dados estatísticos para medir o tempo de preparação da máquina e o fluxo do processo de produção foi revisto brevemente. O tempo médio de falha foi minimizado pelas técnicas SMED. Após a implementação das ferramentas SMED na linha de montagem, o tempo de paragem na estação de testes de fugas foi reduzido de 315 segundos para 195 segundos.

Após a revisão da literatura do trabalho de investigação, são discutidos alguns pormenores sobre o estudo.

1. A técnica SMED é aplicada principalmente nas oficinas de fundição e de fundição das indústrias automóveis.

2. A técnica SMED aplicada na forja é limitada.

3. Há hipóteses de reduzir o tempo de preparação das máquinas de forjar.

4. A utilização do poka yoke também permite reduzir o tempo de preparação das máquinas.

5. A redução das actividades infalíveis no sistema pode também reduzir o tempo de configuração.

CAPÍTULO 3

TRABALHO ACTUAL

3.1 Formulação do problema

Atualmente, o mercado exige cada vez mais produtos personalizados, o que faz com que os fabricantes sejam pressionados a reduzir o custo do produto para poderem sobreviver num mercado altamente competitivo. Por isso, as empresas têm de ser capazes de produzir uma grande variedade de produtos num curto espaço de tempo e, consequentemente, têm de prever mudanças de moldes muito mais frequentes para reduzir o tempo de preparação. Os objectivos de aumento da produtividade, disponibilidade operacional e melhor eficiência global da linha de produção são os mais importantes para quase todas as empresas de produção. Para competir com um mundo competitivo, as empresas têm de encontrar formas de reduzir o tempo de preparação, eliminar o desperdício e as actividades sem valor acrescentado e converter o tempo de preparação não utilizado em tempo de produção regular. Os tempos de preparação determinam o tempo de inatividade, a capacidade, a qualidade do produto e, em certa medida, os custos. Para atingir estes objectivos, os fabricantes precisam de trabalhar na racionalização das suas operações através da aplicação de técnicas de produção optimizadas, como o SMED. Todas as matrizes precisam de ser mudadas quando se faz um produto com um design diferente. Uma única matriz tem de ser mudada quando se desgasta em produção contínua e é substituída por outra. A produção de peças varia de matriz para matriz.

1. Necessidade de reduzir o tempo de preparação das máquinas das áreas críticas.

2. Necessidade de reduzir ao mínimo as actividades infalíveis do sistema.

3. Falta de normalização do funcionamento das máquinas.

3.2 Objectivos do estudo

1. Para reduzir o tempo de preparação das áreas críticas.

2. Para aumentar a taxa de produção e o lucro

3. Para melhorar a eficácia global do equipamento.

3.3 Metodologia de investigação

As várias etapas da metodologia são as seguintes

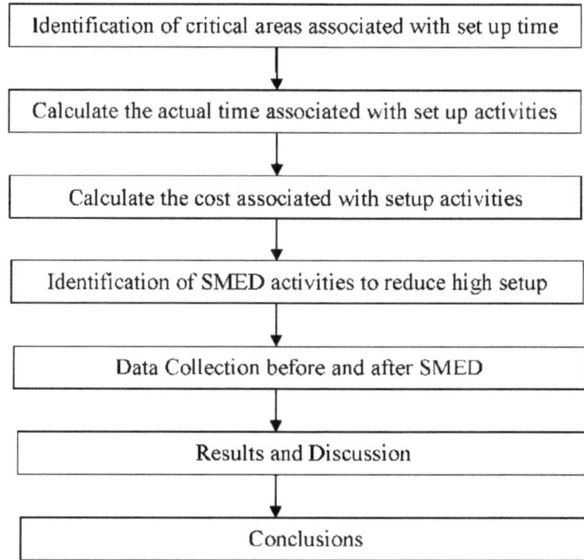

Figura 3.1 Fluxograma da metodologia de investigação

As áreas críticas foram identificadas através da análise do atual procedimento de mudança de máquinas de várias oficinas (oficina de máquinas e de forja). Na oficina de forja, a prensa de forja foi reconhecida por reduzir o tempo de mudança devido ao seu elevado tempo de preparação. As actividades associadas à preparação da máquina de forjar foram anotadas nos relatórios de produção. Depois disso, procedeu-se à racionalização das actividades e à conversão das actividades internas em actividades externas. Foi efectuada uma comparação dos resultados e realizações antes e depois da implementação do SMED para medir a eficácia do SMED

3.4 Identificação das áreas críticas associadas ao tempo de preparação:-.

A área crítica associada ao tempo de preparação foi identificada através do estudo de todas as máquinas presentes em várias oficinas da indústria. A oficina de forja e a oficina de máquinas eram as duas principais oficinas da indústria. A oficina de forja contém prensas de forja e prensas de corte. As máquinas de controlo numérico computorizado (CNC), o centro de maquinagem vertical (VMC) e as máquinas para fins especiais (SPM) estavam presentes na oficina mecânica da indústria. O tempo de preparação da mudança de ferramentas da forja e da oficina mecânica foi anotado nos relatórios de produção de um dia, como se indica a seguir.

Quadro 3.1 Tempo de preparação de várias lojas por dia

Loja	Tempo de configuração (min)
Loja de forja	289.78
Oficina mecânica	118.21

A partir do quadro 3.1, observou-se que o tempo de preparação das máquinas da forja era superior ao das máquinas da oficina mecânica. Havia a possibilidade de reduzir o tempo de preparação da forja, racionalizando as actividades da prensa de forja.

Na oficina de forja, foram fabricadas as cambotas (M1W) que são utilizadas na montagem da caixa de velocidades da bicicleta MAHINDERA Duro. A matéria-prima utilizada foi o aço-carbono (S48C), adquirido pela fábrica sob a forma de barras redondas. O comprimento de cada barra era de 5 m e o seu diâmetro de 50 mm.

As operações efectuadas na forja:-.

- **Corte de biletes** - O comprimento de 85,05 mm do bilete é cortado a partir da barra redonda. Para este corte do lingote, é utilizada uma máquina de serra de fita de coluna dupla.

- **Aquecimento por indução** - Depois de cortar o lingote, este é aquecido a 1210-1230°C numa máquina de aquecimento por indução, passando o material através de uma bobina de indução com a ajuda de um transportador. O aquecimento é efectuado para aumentar a dureza do bilete.

- **Prensa de forjamento** - Na prensa de forjamento, as operações são efectuadas em duas fases. Na primeira fase, o bilete quente é colocado no bloqueador inferior, é golpeado pelo bloqueador superior e convertido na forma bruta da manivela. Na segunda fase, a manivela em bruto é colocada no finalizador inferior e, com o golpe do finalizador superior, é convertida na manivela forjada final.

- **Prensa de corte** - O material indesejado da manivela forjada é removido pelo processo de corte e este processo é executado rapidamente após o processo de forjamento. A manivela forjada a quente é colocada na matriz, o punção bate ao longo das placas de guia na manivela forjada e remove o material indesejado da manivela.

3.4.1 Disponibilidade de máquinas na forja

As prensas de forjar e as prensas de aparar estavam presentes na indústria para o fabrico de cambotas. A capacidade das prensas de forja de matriz fechada e das prensas de corte era de 1000 toneladas e 250 toneladas, respetivamente. Vários tipos de cambotas, como a K06A, a M1W e a KZAA, eram fabricados na oficina de forja e a cambota M1W era fabricada na oficina de forja na altura do presente estudo.

3.4.2 Tempo de preparação das máquinas

- **Prensa de forjamento** - Nesta prensa, foram utilizados quatro tipos de matrizes, nomeadamente a bloqueadora superior, a finalizadora superior, a bloqueadora inferior e a finalizadora inferior. No caso de fabrico de um novo produto, é necessário mudar todas estas quatro matrizes e, na produção contínua, só é necessário mudar uma única matriz quando esta se desgasta. O tempo de vida de cada matriz é diferente. O bloqueador de topo desgasta-se mais cedo do que as outras matrizes devido à pressão intensa que exerce para converter o bilete quente em forma de manivela forjada, sendo necessário mudar entre 2000 e 3000 peças de fabrico. O acabamento superior desgasta-se mais cedo do que os moldes inferiores e tem de ser substituído entre 5000 e 6000 peças de fabrico. As duas matrizes inferiores têm de ser substituídas entre 8000 e 10000 peças de fabrico. O tempo de preparação desta prensa foi anotado nos relatórios de produção e demora 209,36 minutos por dia, como mostra a figura 3.4.

-Prensa de corte - O punção, a matriz e as placas de guia são as peças principais da prensa de corte. O punção e a matriz têm de ser substituídos duas vezes por dia e a vida média do punção e da matriz situa-se entre 4000-4500 peças de fabrico. O tempo de preparação da prensa de corte foi anotado no relatório de produção e demora 80,42 minutos por dia, como mostra a figura 3.2.

A partir do relatório de produção, observou-se que o tempo de preparação da prensa de forjamento era superior ao da prensa de corte.

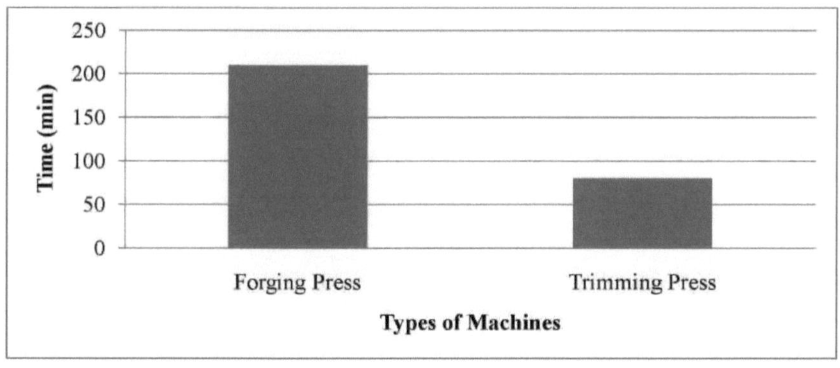

Figura 3.2 Tempo de configuração de várias máquinas por dia

3.4.3 Tempo médio de preparação das máquinas por dia (%) - Calcular o tempo médio de preparação da máquina de forjar e da prensa de corte.

Tempo total (dia) = 24×60 = 1440 min

Número de turnos = 3 (dia)

Almoço = 30 min× 3 = 90 min

Pausa para o chá = 10 min ×3 = 30 min

Total (almoço + intervalo para chá) = 90 min + 30 min = 120 min

Total de minutos de trabalho (dia) = 1440 - 120 min

= 1320 min

Prensa de forja -

Tempo total de preparação = 209,36 min (da figura 3.4)

Tempo médio de preparação = 209,36/ 1320

= 0.16 (16%)

Prensa de corte;-

Tempo total de configuração = 80,42 min (da figura 3.4)

Tempo médio de preparação = 80,42/ 1320 = 0,06 (6%)

A configuração média da prensa de forjamento foi superior à da prensa de corte (tabela 3.2). Devido à elevada configuração média da prensa de forjamento, esta foi selecionada para reduzir o tempo de configuração.

Quadro 3.2 Configuração média total das máquinas por dia

Máquina	**Configuração média total**
Prensa de forja	16%
Prensa de corte	6%

3.5 Calcular o tempo real associado às actividades de preparação:-

As actividades relacionadas com a preparação das matrizes da prensa de forja e o tempo real associado foram também anotadas com a ajuda de um cronómetro e de relatórios de produção. As actividades à prova de erros presentes no sistema e o respetivo tempo foram também anotados através da observação dos trabalhadores, o que também aumenta o tempo de preparação da oficina. O tempo de preparação relacionado com cada matriz era diferente. O tempo gasto por cada atividade de cada matriz é discutido a seguir.

3.5.1 Actividades de preparação de todas as matrizes

As actividades de configuração relacionadas com as matrizes da prensa de forjamento foram estudadas em primeiro lugar e cada atividade foi anotada, tendo sido realizada para a mudança de matrizes, quer estivesse associada a matrizes superiores ou inferiores. As descrições de cada atividade relacionada com as matrizes são discutidas a seguir.

3.5.2 Descrição das actividades relacionadas com a preparação dos cunhos e cortantes

> **Desaperto-** Em ambas as matrizes superiores, é necessário desapertar nove parafusos de chave L e dois parafusos hexagonais para mudar a matriz. Nas matrizes inferiores, é necessário desapertar doze parafusos hexagonais para mudar as matrizes inferiores.

> **Descarregamento da matriz com embalagem -** Depois de desapertar os parafusos das matrizes superiores, estas matrizes são retiradas com a ajuda do carregador de matrizes. No caso das ferramentas inferiores, é necessário retirar primeiro as placas de ferramentas e, em seguida, retirar a ferramenta com a embalagem da máquina. Os moldes superiores demoram mais tempo a carregar e descarregar do que os moldes inferiores, porque o processo de mudança é um pouco difícil ou complicado.

> **Limpeza-** Quando as matrizes são removidas, é necessário limpar corretamente o dispositivo de fixação do pó ou de quaisquer partículas. Se o dispositivo estiver limpo, é fácil fazer deslizar as placas de matriz para o dispositivo e a matriz fixa-se corretamente.

> **Medição da embalagem-** Antes de fixar a matriz, é necessário verificar o comprimento da embalagem da matriz. Quando a matriz se desgasta, tem de ser recortada e, devido ao recorte da matriz, o seu comprimento diminui. Por isso, é necessário dar o comprimento necessário de embalagem sob a matriz para manter a altura padrão entre as matrizes superior e inferior.

> **Carregamento do novo molde com a embalagem -** Depois de embalar e medir o comprimento do molde, os moldes superiores deslizam para o dispositivo de fixação com a ajuda do carregador de moldes. As matrizes inferiores são colocadas no anel da matriz e fixadas por placas de matriz.

> **Ajuste da embalagem e fixação -** Depois de a matriz deslizar para o dispositivo de fixação, apertar os parafusos das matrizes superiores. Nas ferramentas inferiores, a embalagem deve ser efectuada primeiro, antes de colocar a ferramenta no anel da ferramenta. Depois de apertar os parafusos, verificar o ajuste das ferramentas e corrigi-lo, se necessário.

> **Verificação da folga-** Depois de fixar a matriz, é necessário verificar a folga entre as matrizes superior e inferior. A cabeça do forjador desce lentamente em direção à base e verifica o espaço entre as

duas matrizes. Se o espaço não for adequado, é necessário voltar a ajustar as matrizes.

> **Aquecimento** - O último passo consiste em aquecer as matrizes antes do início da produção. Para aumentar a dureza das matrizes, é necessário aquecê-las. Depois de verificar a temperatura das matrizes, inicia-se a produção. As temperaturas das matrizes são verificadas com uma pistola de temperatura.

> **Forjamento da primeira peça** - Depois de mudar as matrizes, é necessário verificar a primeira peça da manivela forjada. A primeira manivela forjada a quente é verificada por inspeção visual e depois é colocada sob pressão de ar para arrefecer. Depois de arrefecida, é devidamente inspeccionada com os instrumentos.

Quadro 3.3 Actividades de instalação do bloqueador de fundo (antes do SMED)

S.N.	**Processo de transição (Bottom blocker)**	**Tempo líquido (min)**	**Tempo total (min)**
1	Desbloqueio do bloqueador inferior	2.45	2.45
2	Descarga da matriz com embalagem	1.25	4.10
3	Limpeza	1.14	5.24
4	Medição da embalagem	2.57	8.21
5	Carregamento do novo bloqueador de fundo com embalagem	3.10	11.31
6	Fixação da embalagem Fixação	3.41	15.12
7	Controlo das lacunas	2.30	17.42
8	Aquecimento	10.28	28.10
9	Primeira forja para PC	5.32	33.42

Quadro 3.4 Actividades de preparação do finalizador inferior (antes da SMED)

S.N.	**Processo de mudança (Finalizador inferior)**	**Tempo líquido (min)**	**Tempo total (min)**
1	Desaperto do finalizador inferior	2.55	2.55

2	Descarga da matriz com embalagem	1.14	4.09
3	Limpeza	1.10	5.19
4	Medição da embalagem	2.45	8.04
5	Carregamento da nova unidade de acabamento inferior com embalagem	3.17	11.21
6	Fixação da embalagem Fixação	3.22	14.43
7	Controlo das lacunas	2.25	17.08
8	Aquecimento	11.12	28.20
9	Primeira forja para PC	5.09	33.29

Quadro 3.5 Actividades de instalação do bloqueador de topo (antes da SMED)

S.N.	Processo de transição (bloqueador de topo)	Tempo líquido (min)	Tempo total (min)
1	Desbloqueio do bloqueador superior	3.55	3.55
2	Descarga da matriz com embalagem	2.23	6.18
3	Limpeza	1.42	8
4	Medição da embalagem	2.38	10.38
5	Carregamento do novo bloqueador superior com embalagem	4.22	15
6	Fixação da embalagem Fixação	3.43	18.43
7	Controlo das lacunas	2.13	20.56
8	Aquecimento	10.38	31.34
9	Primeira forja para PC	4.45	36.19

Quadro 3.6 Actividades de preparação do acabador de topo (antes da SMED)

S.N.	Processo de mudança (Acabamento superior)	Tempo líquido (min)	Tempo total (min)
1	Desaperto do topo de gama	3.48	3.48
2	Descarga da matriz com embalagem	2.36	6.24
3	Limpeza	1.37	8.01
4	Medição da embalagem	2.20	10.21
5	Carregamento da nova máquina de acabamento superior com embalagem	3.37	13.58
6	Fixação da embalagem Fixação	3.40	17.38
7	Verificação de lacunas	2.10	19.48
8	Aquecimento	11.04	30.52
9	Primeira forja para PC	4.50	35.02

3.5.3 Tipos de matrizes

Na prensa de forjamento, são utilizadas as matrizes top blocker, top finisher, bottom blocker e bottom finisher para fabricar a cambota e a sua produção média por cada matriz foi anotada nos relatórios de produção. O quadro 3.7 mostra a gama média de produção de cada matriz. A gama máxima de produção da blocadora superior é de 3000 peças e necessita de substituir entre 2000 e 3000 peças. Substitui três vezes por dia. O finalizador superior tem de ser substituído duas vezes por dia e a sua produção média situa-se entre 5000 e 6000 peças. O bloqueador inferior e o finalizador inferior mudam apenas uma vez por dia e a sua produção média situa-se entre 8000-10000 peças.

Quadro 3.7 Gama média de produção de cada matriz

Nome do dado	Após a mudança
Bloqueador de topo	2000-3000 unidades
Melhor classificado	5000-6000 unidades
Bloqueador de fundo	8000-10000 peças

Finalizador inferior	8000-10000 peças

Figure 3.3 Top blocker

Figure 3.4 Top finisher

Figure 3.5 Bottom blocker

Figure 3.6 Bottom Finisher

3.5.4 Tempo associado a cada dado

O tempo de preparação de cada matriz foi calculado a partir da tabela 3.3- 3.6. O tempo de preparação do bloqueador de topo foi de 36,19 minutos (da tabela 3.6) e foi substituído três vezes por dia. O tempo de preparação do finalizador superior foi de 35,02 minutos (da tabela 3.7) e foi substituído duas vezes por dia. O tempo de preparação do bloqueador inferior e do finalizador inferior foi de 33,42 min (da tabela 3.4) e 33,29 (da tabela 3.5) e ambas as matrizes são substituídas apenas uma vez por dia.

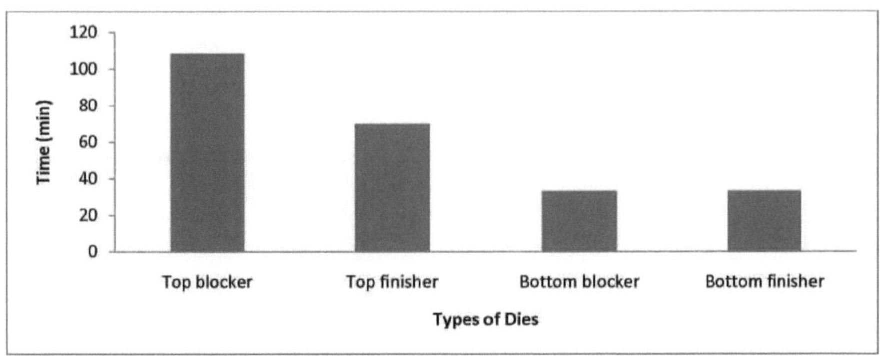

Figura 3.7 Tempo associado a cada morte por dia

3.5.5 Actividades categorizadas em actividades principais

Para calcular o tempo total gasto na preparação de todas as matrizes num dia, as actividades associadas à preparação de todas as matrizes foram reunidas em actividades principais para melhor compreensão e facilidade de cálculo. A classificação das actividades principais é a seguinte

> **Mudança de molde** - As actividades como a remoção do molde, o carregamento, o descarregamento, a limpeza e a verificação de lacunas foram fundidas numa atividade principal designada por mudança de molde.

> **Embalagem da matriz** - O tempo total gasto foi calculado por cada matriz associada à medida do comprimento da embalagem da matriz de um dia.

> **Aquecimento** - Foi calculado o tempo total necessário para o aquecimento de todas as matrizes antes do início da produção.

> **Forjamento da primeira peça** - Após a mudança de um molde, é necessário verificar a primeira peça forjada. O tempo total

de inspeção da primeira peça foi calculado de um dia.

Quadro 3.8 Tempo gasto nas principais actividades

S.N.	**Nome das principais actividades**	**Tempo gasto**
1	Mudança de dados	118,21 min

2	Embalagem da matriz	16.56 min
3	Aquecimento	74,59 min
4	Primeira forja para PC	33.16 min

3.5.6 Outras actividades relacionadas com o tempo de preparação

Existem outras actividades que também devem ser identificadas e que desempenham um papel importante no aumento do tempo de preparação. A ausência de ferramentas e de actividades infalíveis no sistema foram fases de outras actividades relacionadas com o tempo de preparação e que necessitam de atenção para serem minimizadas. A medição incorrecta do empacotamento das matrizes, o ajuste, a lubrificação inadequada das matrizes e o disparo do aquecedor de biletes por indução (devido à ausência de material no transportador) foram fases de actividades infalíveis no sistema.

- Actividades infalíveis no sistema

1. Medição incorrecta da embalagem da matriz pelo trabalhador.
2. Desarme do aquecedor de lingotes por indução devido à ausência de material no transportador.
3. Lubrificação inadequada da matriz, falha na ejeção da peça da matriz.
4. Mistura excessivamente pulverizada ou arrefecida, matriz fissurada.
5. Aperto incorreto dos parafusos pelo instalador da ferramenta.
6. Temperatura incorrecta do bilete.

- Ausência de ferramentas: A falta de ferramentas também aumenta o tempo de preparação das matrizes. Faltava um quadro de sombra e havia ferramentas inadequadas no carrinho.

Quadro 3.9 Outras actividades relacionadas com o tempo de preparação

S.N.	**Outras actividades relacionadas com o tempo de preparação**	**Tempo estimado (min)**
1	Actividades infalíveis no sistema	20
2	Ausência de ferramentas	10
	Total	30

1.1.7 Temperatura necessária dos moldes

A temperatura necessária para as ferramentas é diferente consoante o seu tipo e a temperatura necessária para as ferramentas inferiores é superior à das ferramentas superiores. As temperaturas dos moldes são verificadas por uma pistola de temperatura. Ao premir o botão, é emitido um feixe de luz que incide na superfície do molde. Em seguida, a pistola de temperatura indica a temperatura no seu ecrã digital. Se a temperatura dos moldes for inferior à temperatura exigida, então o molde desgastar-se-á mais cedo do que a sua taxa de produção normal.

Quadro 3.10 Temperaturas exigidas para os cunhos e cortantes

Tipo de matriz	Temperatura da matriz
Bloqueador de fundo	250 °C
Finalizador inferior	250 °C
Bloqueador de topo	180 °C
Melhor classificado	180 °C

1.1.8 Número de turnos e produção

Os números de turnos na indústria são A, B, C e a duração de cada turno é de 8 horas. Em

cada, 30 minutos para a pausa para o almoço e 10 minutos para a pausa para o chá. O dia inteiro de produção é

8100 peças aproximadamente e a produção de cada turno pode variar de acordo com o tempo de paragem da máquina nesse turno.

Quadro 3.11 Produção em cada turno (aproximada)

Tipo de turno	Produção (unidades)
Um turno (6h-2h)	2700
Turno B (14h-10h)	2700
Turno C (22h-6h)	2700

1.1.9 Comprimento necessário das matrizes

Os comprimentos das matrizes são exigidos de acordo com a norma da máquina. O comprimento das matrizes varia ligeiramente consoante a alteração do produto. Quando as matrizes se desgastam e é necessário voltar a cortar, após o novo corte, o comprimento da matriz diminui e é necessário embalar para completar o comprimento normal da matriz.

Quadro 3.12 Comprimentos necessários das matrizes

S.N.	Virabrequim	Fundo (comprimento)	Parte superior (comprimento)
1	K06A (HERO HONDA Pleasure)	160 mm	95 mm
2	M1W (MAHINDERA Duro)	170 mm	85 mm

1.1.10 Calcular a eficiência global do equipamento

A eficiência global do equipamento divide o desempenho de uma unidade de fabrico em três componentes distintas mas mensuráveis: Disponibilidade, Desempenho e Qualidade. Cada componente aponta para um aspeto do processo que pode ser alvo de melhorias. Todas as indústrias mantêm um registo diário do tempo de paragem das máquinas, da rejeição e da quantidade de peças processadas no relatório de produção. Os dados relativos ao tempo de inatividade, à rejeição e à quantidade processada foram recolhidos do relatório de produção para determinar a eficiência dos equipamentos da indústria. Os pormenores destes dados e cálculos são discutidos a seguir. [7]

3.13 Dados de tabela recolhidos para a eficiência global do equipamento

Dia	Tempo de paragem (min)	Rejeição (peças)	Quantidade transformada (peças)
3/6/13	320	12	6516
4/6/13	260	5	7105
5/6/13	280	21	6820
6/6/12	240	8	7423
7/6/13	300	15	6687
8/6/13	236	18	7502
10/6/13	290	10	6722

11/6/13	310	25	6589
12/6/13	255	14	7218
13/6/13	230	20	7699

Tempo total = 1440 min (discutido no artigo 3.4.3)

Tempo total disponível = Duração do turno - pausas

= 1440 min - 120 min

= 1320 min

Tempo de funcionamento = Tempo total disponível - tempo de inatividade

Tempo de paragem = tempo de preparação + avaria mecânica + avaria eléctrica

Quantidade processada = Número de peças fabricadas no dia.

Tempo disponível = Tempo de funcionamento / Tempo total disponível

Taxa de qualidade = Peças boas (Quantidade processada - Peças rejeitadas)/ Quantidade processada

Eficiência de desempenho ųj₁, (Peças totais / Tempo de funcionamento) / Taxa de funcionamento ideal

Eficiência global do equipamento η_o = Tempo disponível × Taxa de qualidade × Eficiência de desempenho.

Quadro 3.14 Eficiência global do equipamento

Dia	**Tempo total disponível (min)**	**Tempo de paragem (min)**	**Tempo de funcionamento (min)**	**Rejeição (número de peças)**	**Quantidade transformada (número de unidades)**	**Tempo disponível (%)**	**Taxa de qualidade**	**Desempenho eficiência ceip (%)**	**OEE [1]f. (%)**
3/6/13	1320	320	1000	12	6516	.75	.998	.81	.60
4/6/13	1320	260	1060	5	7105	.80	.99	.83	.65

5/6/13	1320	280	1040	21	6820	.78	.997	.81	.62
6/6/12	1320	240	1080	8	7423	.81	.99	.85	.68
7/6/13	1320	300	1020	15	6687	.77	.998	.81	.62
8/6/13	1320	236	1084	18	7502	.82	.997	.88	.70
10/6/13	1320	290	1030	10	6722	.78	.998	.81	.63
11/6/13	1320	310	1010	25	6589	.76	.996	.81	.61
12/6/13	1320	255	1065	14	7218	.80	.998	.84	.67
13/6/13	1320	230	1090	20	7699	.81	.997	.88	.71

3.6 Calcular o custo associado às actividades de preparação: -

O número de dias sem produção foi calculado devido ao desperdício no tempo de preparação da máquina (a partir da figura 3.4). A produção perdida foi calculada a partir dos dias (sem produção) e os pormenores da produção perdida são discutidos mais adiante.

Assumir o número de dias/mês = 25 (aprox.)

Tempo médio de preparação = 209,36 min/dia (do artigo 3.4.3)

= 209,36×25 = 5234 min/mês

= 5234/60 = 87,2 horas/mês = 87,2/24 = 3,63 dias/mês

Produção perdida

Número médio de cambotas por turno = 2700 peças (do quadro 3.12)

Número médio de cambotas por dia = 8100 peças (do quadro 3.12)

A perda de produção por mês devido à preparação = 8100×3,63

= 29403 peças.

3.7 Identificação de actividades de SMED para reduzir o tempo de preparação:-

A partir dos quadros 3.3, 3.4, 3.5 e 3.6, foram anotadas as actividades associadas à preparação das matrizes e, em seguida, distinguiram-se as actividades entre internas e externas, observando as actividades realizadas pelos trabalhadores. Em seguida, calcula-se o tempo total gasto pelas actividades internas e calcula-se também o tempo total gasto pelas actividades externas.

Meios internos - Os efectuados quando a máquina está parada.

Meios externos - Os que são efectuados quando a máquina está a funcionar.

Quadro 3.15 Actividades internas e externas de todas as empresas

S.N.	Actividades	Categoria	
		Externo	**Interno**
1	Desprendimento da matriz		Interno
2	Descarga da matriz com embalagem		Interno
3	Limpeza		Interno
4	Medição da embalagem		Interno
5	Carregamento do novo molde com a embalagem		Interno
6	Fixação da embalagem Fixação		Interno
7	Lacuna verificada		Interno
8	Aquecimento		Interno
9	Primeira forja para PC	Externo	

A partir do artigo 3.5.5, calcule o tempo total gasto pelas actividades principais e distinga as actividades principais entre actividades internas e externas.

Quadro 3.16 Tempo gasto nas principais actividades antes da SMED

S.N.	Nome das principais	Categoria	Tempo gasto

	actividades		
1	Mudança de dados	Interno	118,21 min
2	Embalagem da matriz	Interno	16.56 min
3	Aquecimento	Interno	74,59 min
4	Primeira forja para PC	Externo	33.16 min

Tempo total de atividade interna = 209,36 min

Tempo total de atividade externa = 33,16 min

3.8 Recolha de dados antes e depois do SMED

Antes do SMED, o tempo total de preparação foi calculado a partir das actividades associadas à preparação (da tabela 3.3 - 3.6). Foram utilizadas várias técnicas de SMED para reduzir o tempo de preparação da prensa de forja. As actividades de aquecimento e medição do enchimento foram transferidas do interior para o exterior e foi utilizada uma chave pneumática em vez de uma chave manual para reduzir o tempo de preparação. Foram utilizados calibradores a quente e matrizes de amostra para a inspeção da manivela forjada a quente em vez da inspeção a frio e foi introduzido um quadro de sombras para minimizar o tempo de preparação. Por fim, comparar os valores dos dados antes e depois do SMED para calcular a redução do tempo de preparação e descobrir a melhoria da eficiência global do equipamento.

3.8.1 Actividades pormenorizadas antes e depois da SMED e técnica utilizada

No bloqueador inferior, desapertar e apertar os parafusos utilizando uma chave pneumática em vez de uma chave manual. A medição da atividade de embalagem e aquecimento foi transferida para o exterior. Na atividade de forjamento da primeira peça, o tempo poupado pela utilização de medidores a quente e matrizes de amostra.

Quadro 3.17 Actividades do bloqueador de fundo antes e depois da SMED

S.N.	Processo de transição	Técnica	Antes da SMED (min)	Novo técnica utilizada	Após SMED (min)	Poupança de tempo (min)
1	Desaperto do fundo	Manual	2.45	Utilização	1.20	1.25

	bloqueador	chave inglesa		pneumático chave inglesa		
2	Descarga da ferramenta com embalagem		1.25	Nulo	1.25	0
3	Limpeza		1.14	Nulo	1.14	0
4	Medição da embalagem	Interno	2.57	Externo	0	2.57
5	Carregamento do novo fundo bloqueador com embalagem		3.10	Nulo	3.10	0
6	Fixação da embalagem Fixação	Manual Chave inglesa	3.41	Utilização pneumático chave inglesa	2.20	1.21
7	Controlo das lacunas		2.30	Nulo	2.30	0
8	Aquecimento	Interno	10.28	Externo (pré-aquecimento)	0	10.28
9	Primeira forja para PC	Peça fria inspeção	5.32	Indicadores quentes, Amostra de matriz utilizado	3.30	2.02
	Total		**32.22**		**14.49**	**17.33**

A chave pneumática foi utilizada para apertar ou desapertar os parafusos das actividades de acabamento inferior em vez da chave manual. Duas actividades, a medição da embalagem e o aquecimento, foram transferidas do interior para o exterior. Para poupar tempo, foram utilizados medidores a quente e amostras para a inspeção.

Quadro 3.18 Actividades do finalizador de fundo antes e depois da SMED

S.N.	Processo de transição	Técnica	Antes de SMED (min)	Novo técnica utilizado	Depois de SMED (min)	Tempo Poupança (min)
1	Desaperto do fundo finalizador	Manual chave inglesa	2.55	Utilização pneumático chave inglesa	1.45	1.10
2	Descarga da ferramenta com embalagem		1.14	Nulo	1.14	0
3	Limpeza		1.10	Nulo	1.10	0
4	Medição da embalagem	Interno	2.45	Externo	0	2.45
5	Carregamento do novo fundo finalizador com embalagem		3.17	Nulo	3.17	0
6	Fixação da embalagem Fixação	Manual chave inglesa	3.22	Utilização pneumático chave inglesa	2.15	1.07
7	Controlo das lacunas		2.25	Nulo	2.25	0
8	Aquecimento	Interno	11.12	Externo (pré-aquecimento)	0	11.12
9	Primeira forja para PC	Peça fria	5.09	Indicadores quentes,	3.30	1.59

		inspeção		Amostra de matriz utilização		
	Total		**32.09**		**14.56**	**18.13**

No bloqueador de topo, a medição da atividade de embalagem foi transferida para a atividade externa. A atividade externa, que é o tempo de atividade de forjamento da primeira peça, foi reduzida através da utilização de medidores a quente e matrizes de amostra.

Quadro 3.19 Actividades do bloqueador de topo antes e depois da SMED

S.N.	**Processo de transição**	**Técnica**	**Antes de SMED (min)**	**Novo técnica utilizado**	**Depois de SMED (min)**	**Tempo Poupança (min)**
1	Desbloqueio do bloqueador superior		3.55	Nulo	3.55	0
2	Descarga da ferramenta com embalagem		2.23	Nulo	2.23	0
3	Limpeza		1.42	Nulo	1.42	0
4	Medição da embalagem	Interno	2.38	Externo	0	2.38
5	Carregamento do novo bloqueador de topo com embalagem		4.22	Nulo	4.22	0
6	Fixação da embalagem Fixação		3.43	Nulo	3.43	0
7	Controlo das lacunas		2.13	Nulo	2.13	0
8	Aquecimento		10.38	Nulo	10.38	0

9	Primeira forja para PC	Peça fria inspeção	4.45	Calibre quente, Utilizar amostra morrer	3.10	1.35
	Total		**34.19**		**30.46**	**3.73**

A medição da atividade de embalagem foi transferida para a atividade externa na unidade de acabamento superior e reduziu o tempo de preparação. Na atividade externa, que é o forjamento da primeira peça, o tempo foi reduzido através da utilização de medidores a quente e matrizes de amostra.

Quadro 3.20 Actividades do finalizador de topo antes e depois da SMED

S.N.	**Actividades de transição**	**Técnica**	**Antes de SMED (min)**	**Novo técnica utilizado**	**Depois de SMED (min)**	**Tempo Poupança (min)**
1	Desaperto do topo da máquina de acabamento		3.48	Nulo	3.48	0
2	Descarga da ferramenta com embalagem		2.36	Nulo	2.36	0
3	Limpeza		1.37	Nulo	1.37	0
4	Medição da embalagem	Interno	2.20	Externo	0	2.20
5	Carregamento de um novo topo de gama com embalagem		3.37	Nulo	3.37	0
6	Fixação da embalagem Fixação		3.40	Nulo	3.40	0
7	Verificação de lacunas		2.10	Nulo	2.10	0
8	Aquecimento		11.04	Nulo	11.04	0

9	Primeira forja para PC	Peça fria inspeção	4.50	Calibre quente, Utilizar amostra morrer	3.05	1.45
	Total		**34.22**		**30.17**	**3.65**

3.8.2 Tempo total gasto pelas actividades internas após a SMED

A partir do artigo 3.8.1, foi calculado o tempo total gasto pelas actividades internas após o SMED e os resultados são apresentados abaixo.

Quadro 3.21 Tempo total gasto após o SMED

S.N.	Nome das principais actividades	Tempo gasto (min)
1	Mudança de dados	113.11
2	Embalagem da matriz	Nulo
3	Aquecimento	53.58
	Total	**167.09**

3.8.3 Pormenores de outras actividades antes, depois e técnica utilizada

Os detalhes de outras actividades são discutidos anteriormente (artigo 3.5.6). Foram utilizados vários tipos de técnicas para reduzir o tempo de preparação relacionado com outras actividades. São implementados vários tipos de tarefas aos trabalhadores para reduzir o tempo de preparação das actividades à prova de erros e introduzir novas ferramentas no carrinho SMED para minimizar o tempo de preparação devido à falta de ferramentas. Os pormenores das tarefas aplicadas aos trabalhadores e a lista de ferramentas são apresentados a seguir.

Quadro 3.22 Técnica utilizada noutras actividades relacionadas com o tempo de preparação

S.N.	Outras actividades relacionadas com o tempo de preparação	Antes da SMED	Técnica utilizada	Depois da SMED	Poupança de tempo (min)
1	Actividades infalíveis no sistema	20	Poka yoke	10	10

2	Ausência de ferramentas	10	Introduzir novas ferramentas para o carrinho SMED, Introdução da sombra conselho	8	2
	Total	**30**		**18**	**12**

Quadro 3.23 Responsabilidades dos trabalhadores

S.N.	Actividades	Responsabilidades
1	Carregamento de material no transportador da IBH	Trabalhador
2	Aperto correto dos parafusos	Montador de moldes
3	Verificação de lacunas	Forjador
4	Lubrificação adequada	Forjador
5	Disponibilidade de ferramentas	Supervisor de turno
6	Regulação da temperatura do IBH	Supervisor de turno
7	Disponibilidade de matrizes	Supervisor de matrizes
8	Medição da embalagem	Montador de moldes
9	Disponibilidade de embalagem	Montador de moldes
10	Planeamento da mudança	Supervisor de turno
11	Manutenção da casa	Supervisor de turno

Quadro 3.24 Introduzir novas ferramentas no carrinho SMED

S.N.	Ferramentas antigas	Quantidade	Novas ferramentas	Quantidade
1	Conjunto de bloqueadores	1 conjunto	Bloqueador de topo seguinte	1 peça

2	Conjunto de acabamento	1 conjunto	Pino ejetor	4 peças
3	Matriz de corte (punção)	1 conjunto	Anel de fundo da matriz	2 peças
4	Chave Allen (10, 14 mm)	1 unidade cada	Parafuso sextavado de aperto da matriz inferior	9 peças
5	Chave inglesa (24, 30, 32 mm)	1 unidade cada	Parafuso de aperto da ferramenta superior Chave Allen	9 peças
			Anel inferior da matriz	2 peças

3.8.4 Apresentação do quadro de sombras

O quadro de sombras inclui uma série de pequenas ferramentas, tais como chave inglesa, chave de tubos, martelo, berbequim manual, etc. Por vezes, durante a mudança de ferramentas, a chave inglesa ou a chave allen, etc., avaria-se ou perde-se. Em vez de comprar uma nova ferramenta na loja, porque consome muito tempo, é preciso ir buscar uma ferramenta ao quadro de sombras e, depois de mudar o molde, voltar a colocá-la no quadro de sombras. Após o trabalho, a ferramenta é retirada do armazém. Isto reduz o tempo de preparação interna.

3.8.5 Melhorar a eficiência global do equipamento

Tempo total gasto pela atividade interna antes da SMED = 230 min (do quadro 3.14)

Tempo total gasto pela atividade interna após o SMED = 167,09 min (da tabela 3.21)

= 167,09 + 21 (acréscimo de tempo presumido por outra atividade)

= 188,09 min

Assumir a mesma rejeição após SMED = 20 peças (do quadro 3.14)

Montante processado presumido = 8020 (número de unidades)

Estes cálculos foram efectuados de forma semelhante, em conformidade com o artigo 3.5.12.

Quadro 3.25 Melhoria da eficiência global do equipamento

Tipo	Tempo total disponíve	Tempo de parage	Tempo de funcionamento (min)	Rejeição (númer	Montante processado	Tempo disponível (%)	Taxa de qualidade (%)	Desempenho	OEE

	l (min)	m (min)		o de peças)	(número de peças)			ce eficiência 4p (%)	[1].b· (%)
Antes de SMED	1320	230	1090	20	7699	.81	.997	.88	.71
Depois de SMED	1320	188.09	1131.91	20	8020	.86	.997	.88	.75

CAPÍTULO 4

RESULTADOS E DEBATES

A SMED desempenha um papel vital na melhoria do desempenho da indústria transformadora. Um tempo de preparação elevado pode levar a uma menor taxa de produção e a uma menor produtividade. Na forja, foi selecionada uma prensa de forja para reduzir o tempo de preparação. Nesta investigação, foram utilizadas várias técnicas de SMED. Os resultados são apresentados de seguida

4.1 Reduzir o tempo de configuração

A tabela n.º 4.1 mostra a classificação das actividades de mudança e a técnica utilizada. Antes do SMED, as actividades associadas à preparação das matrizes (prensa de forja) demoravam 209,36 min/dia. Após o estudo das actividades associadas à preparação das matrizes (prensa de forja), observou-se que havia a possibilidade de reduzir o tempo de preparação através das técnicas SMED.

Utilizando técnicas SMED, duas actividades como o aquecimento e a medição da embalagem passaram de internas para externas. Introdução de novas ferramentas, tais como medidores a quente, matriz de amostra utilizada para inspeção a quente da manivela forjada e chave pneumática utilizada para desapertar ou apertar os parafusos das matrizes inferiores. Após a utilização do SMED, o tempo associado à preparação das matrizes é de 167,09 min/dia e o tempo poupado é de 42,27 min.

Quadro 4.1 Actividades deslocadas e técnica utilizada

N.º Sr.	Actividades	Categoria	Categoria Alterado	Técnica utilizada
1	Descarga e carregamento do finalizador inferior e do bloqueador	Interno	Nulo	Utilizar uma chave pneumática
2	Embalagem de matrizes	Interno	Externo	Recorte normalizado do comprimento da matriz
3	Aquecimento	Interno	Externo	Pré-aquecimento
4	Primeira forja para PC	Externo	Nulo	Utilizam-se calibradores a quente, matriz de amostragem

Quadro 4.2 Tempo poupado nas principais actividades (por dia)

N.º Sr.	Principais actividades da instalação	Antes da SMED	Depois da SMED	Tempo poupado
1	Mudança de dados	118,21 min	113,11 min	5.10 min
2	Embalagem de matrizes	16.56 min	Nulo	16.56 min
3	Aquecimento	74,59 min	53,58 min	21.01 min
	Total	**209.36**	**167.09**	**42.27**

Tempo total de preparação da atividade interna = 167,09 min

Na mudança de ferramentas, os parafusos das ferramentas inferiores foram apertados ou desapertados utilizando uma chave pneumática, o que permitiu poupar 5,10 minutos. A atividade de embalagem da matriz passou de interna para externa e poupou 16,56 minutos. Com a ajuda do pré-aquecimento das matrizes inferiores, o tempo também foi reduzido para 21,01 min.

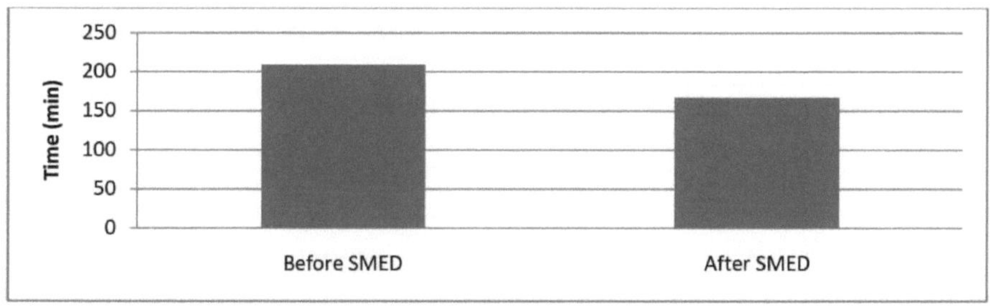

Figura 4.1 Comparação de antes e depois da SMED

4.2 Minimizar o tempo de preparação relacionado com outras actividades (à prova de erros e ausência de ferramentas)

As actividades à prova de falhas no sistema e a ausência de ferramentas demoraram 30 minutos/dia durante a preparação das matrizes

(prensa de forja). As actividades à prova de erros no sistema consumiam 20 min/dia. O tempo das actividades à prova de falhas no sistema é minimizado pelo poka yoke. Nesta técnica, as responsabilidades são implementadas nos trabalhadores ou supervisores.

A ausência de ferramentas durante a preparação consome 10 min/dia durante a preparação das matrizes. Este tempo é minimizado pela introdução de novas ferramentas no carrinho SMED e pela introdução de um quadro de sombra perto da máquina.

Se a ferramenta se extraviar durante o trabalho de configuração das matrizes, é melhor optar por retirar a ferramenta do quadro de sombras em vez de a retirar da loja.

Quadro 4.3 Tempo poupado noutras actividades relacionadas com o tempo de preparação

S.N.	Outras actividades relacionadas com o tempo de preparação	Antes de SMED	Depois de SMED	Tempo poupado	Ferramenta utilizada
1 2	Actividades infalíveis no sistema Ausência de ferramentas	20 min 10 min	10 min 8 min	10 min 2 min	Poka yoke Introdução de uma nova ferramenta no carrinho SMED, Introdução do quadro de sombras
	Total	**30**	**18**	**12**	

4.3 Simplificar todas as actividades associadas à configuração

Após a utilização do SMED, as actividades associadas à preparação das matrizes (prensa de forja) são racionalizadas. As duas actividades, como o aquecimento e a medição da embalagem, foram transferidas para actividades externas. A chave pneumática é utilizada para desapertar ou apertar os parafusos das matrizes inferiores. Os calibradores a quente e o molde de amostra são utilizados para a inspeção da primeira peça da manivela forjada.

Quadro 4.4 Actividades das matrizes inferiores

S.N.	Processo de mudança (Matrizes inferiores)	Categoria	
		Externo	**Interno**
1	Desprendimento da matriz		Interno
2	Descarga da matriz com embalagem		Interno
3	Limpeza		Interno
4	Medição da embalagem	Externo	

5	Carregamento do novo molde com a embalagem		Interno
6	Embalagem, fixação e aperto		Interno
7	Controlo das lacunas		Interno
8	Aquecimento	Externo	
9	Primeira forja para PC	Externo	

Nas matrizes superiores, apenas uma atividade, como a medição da embalagem, é transferida para o exterior. Ferramentas como os calibradores a quente e o molde de amostra (semelhante aos moldes inferiores) são utilizados para a inspeção da primeira peça da manivela forjada. As actividades internas e externas das matrizes de topo são apresentadas na tabela 4.5.

Quadro 4.5 Actividades das matrizes de topo

S.N.	**Processo de mudança (matrizes de topo)**	**Categoria**	
		Externo	**Interno**
1	Desprendimento da matriz		Interno
2	Descarga da matriz com embalagem		Interno
3	Limpeza		Interno
4	Medição da embalagem	Externo	
5	Carregamento do novo molde com embalagem		Interno
6	Fixação da embalagem Fixação		Interno
7	Controlo das lacunas		Interno
8	Aquecimento		Interno
9	Primeira forja para PC	Externo	

4.4 Aumentar a produção e melhorar a eficiência global do equipamento

Antes da SMED

Assumir o número de dias/mês = 25 (aprox.)

Tempo médio de preparação = 209,36 min/dia (do artigo 3.4.3)

= 209,36*25 = 5234 min/mês

= 5234/60 = 87,2 horas/mês

= 87,2/24 = 3,63 dias/mês

Produção perdida

Número médio de cambotas por turno = 2700 peças (do quadro 3.12)

Número médio de cambotas por dia = 8100 peças (do quadro 3.12)

A perda de produção por mês devido à preparação = 8100*3,63

= 29403 peças.

Depois da SMED

Assumir o número de dias/mês = 25 (aprox.)

Tempo médio de preparação = 167,09 min/dia (da tabela 3.22)

= 167,09*25 = 4177,25 min/mês

= 4177,25/60 = 69,62 horas / mês

= 69,62 / 24 = 2,90 dias/mês

Produção de perdas

Número médio de cambotas por turno = 2700 peças (aprox.)

Número médio de cambotas por dia = 8100 peças (aprox.)

A perda de produção por mês devido à preparação = 8100*2,90

= 23490 peças

Aumento da produção por mês = 29403 - 23490

= 5913 unidades por mês.

Aumento da produção anual= 12*5913

= 70956 peças

O aumento da produção de cambotas na forja é de 70956 peças por ano. Com o aumento da produção, significa minimizar o tempo de preparação e também aumentar a eficiência global do equipamento.

Assumir um lucro mínimo de 15% da indústria numa única peça de produto.

Custo de uma peça de manivela forjada = Rs 170

Lucro de uma manivela = 170×15 = 2550/100

= Rs 25.50

Aumento da produção anual = 70956 peças

Aumento do lucro anual = 70956×25,50

= Rs 1809378

CAPÍTULO 5

CONCLUSÃO E ÂMBITO FUTURO

5.1 Conclusões

A SMED é uma ferramenta importante para reduzir o tempo de preparação e racionalizar as operações. Ao utilizar a técnica SMED, é possível estudar as actividades associadas à preparação e reduzir o tempo de preparação através da separação das actividades internas e externas. A conversão das operações internas em operações externas é um dos factores-chave para aumentar a melhoria da taxa de produção. Com a diminuição do tempo de preparação, há também um aumento da eficiência global do equipamento. Também ajuda a minimizar as actividades infalíveis presentes no sistema. As conclusões retiradas do estudo de caso são apresentadas de seguida.

1. O tempo de preparação da prensa de forjamento foi reduzido de 209,36 min para 167,09 min.

2. O aumento significativo da produção para 70956 peças por ano.

3. Aumento do lucro de Rs 1809378 por ano.

4. Aumento da eficiência global do equipamento para 4%.

5.2 Âmbito do trabalho futuro

1. A ferramenta SMED também se pode aplicar à oficina mecânica ou a outras oficinas dos vários sectores. A utilização de 5s com a ferramenta SMED também aumenta a eficácia e a eficiência do local de trabalho.

2. A ferramenta avançada de fabrico enxuto VSM também pode ser aplicada com o SMED, a fim de reduzir as necessidades de mão de obra, o inventário do trabalho em curso, o processamento e a rejeição.

REFERÊNCIAS

1. Abraham, A., Ganapathi, K.N. e Motwani, K. (2012), "*Setup Time Reduction through SMED Technique in a Stamping Production Line*", SasTecH, Vol. 11, No.2, pp.47-52.

2. Alexa, V. (2011), "*Determinação das principais etapas de implementação dos métodos smed na gestão do ciclo de produção das empresas*", Machine Design, Vol. 3, No.4, pp.285288.

3. Bharath, R., e Lokesh, A.C. (2008), "*Lead time reduction of component manufacturing through quick changeover (QCO)*", SasTech, Vol. 7, No. 2, pp.13-19.

4. Deros, B.M., Mohamad, D., Idris, M.H.M., Rahman, M.N.A., Ghani, J.A. e Ismail, A.R. (2011), "*Setup time reduction in an automotive battery assembly line*", International Journal of Systems Applications, Engineering & Development, Vol.5, No.5, pp.618-625.

5. Desai, M.S. (2012), "*Productivity enhancement by reducing setup time", Global Journal of Researches in Engineering Mechanical and Mechanics Engineering*", Vol.12, No.5, pp.134-142.

6. Desai, M.S., Warkhedkar, R.M. (2011), "*Productivity enhancement by reducing adjustment time and setup change*" International Journal of Mechanical & Industrial Engineering, Vol. 1, No.1, pp. 37-42.

7. Gulati, R., e Smith, R. (2009) "*Maintenance and reliability best practices*" Industrial press, Vol 3, pp.152-160.

8. Joshi, R.R., e Naik, G.R. (2012), "*Application of smed methodology*", International Journal of Scientific and Research Publications, Vol. 2, No.1, pp. 387-394.

9. Kumar, B.S., and Abuthakeer, S.S. (2012), "*Implementation of lean tools and techniqiues in automotive industry*" Journal Of Applied Science, Vol.10, No.12, pp. 1032-1037.

10. Kumaresan, K.S., e Saman, M.Z.M. (2011), "*Integation Of Smed And Triz in improving productivity at semiconductor industry*", Jurnal Mekanikal, Vol 33, pp.40-55.

11. Malhi, Y.R., and Inamdar, K.H. (2012), "*Changeover time reduction using smed technique of lean manufacturing*", International Journal of Engineering Research and Applications, Vol.2, No.3, pp.2441-2445.

12. Moreira, A.C., e Pais, G.C.S. (2011), "*Single Minute Exchange of Die, A Case Study Implementation*", Journal Of Technology Management & Innovation, Vol. 6, No.1, pp.130-146.

13. Nystha, B., Sathish, R. e Sharath, D. (2012), "*Overcoming Additional Investment to* Meet *Customer Needs by Applying Smed/Qco Tool*" Research Journal of Recent Sciences, Vol.1, No.11, pp.59-63.

14. Perinic, M., Ikoni, M. e Maricic, S. (2009), "*Die casting process assessment using single minute exchange of dies (SMED) Method*", Metalurgija, Vol.48, No. 3, pp.199202.

15. Romero, R., Hernàndez, L. e Noriega, S. (2012), "*Small size company of machining processes*",World Conference of the Society for Industrial and Systems Engineering, Vol. 6, pp.16-18.

16. Samad, M.A., SaifulAlam, M.D. e Tusnim, N. (2013), "*Value stream mapping to reduce manufacturing lead time in a semi-automated factory*", Asian Transactions on Engineering, Vol.2, No.6, pp.22-28.

17. Singh, B., e Dinesh, K. (2010), "*SMED: for quick changeovers in foundry SMEs*", International Journal of Productivity and Performance Management, Vol. 59, No 1, pp.98-116.

18. Tilkar, A.K., Nagaich, P.R. and Marwah, A.K. (2013), "*Improving Productivity of a Manufacturing Plant using Single Minute Exchange of Die*", International journal of advanced scientific and technical research, Vol.1, No.3, pp.12-19.

Printed by Books on Demand GmbH, Norderstedt / Germany